农产品产地初加工系列科普读物

果蔬贮藏保鲜
技术与设施问答

朱 明 主编

中国农业科学技术出版社

图书在版编目（CIP）数据

果蔬贮藏保鲜技术与设施问答/朱明主编 . —北京：中国农业科学技术出版社，2016.1

ISBN 978 – 7 – 5116 – 2388 – 1

Ⅰ.①果… Ⅱ.①朱… Ⅲ.①水果 – 食品贮藏 – 问题解答 ②蔬菜 – 食品贮藏 – 问题解答 ③水果 – 食品保鲜 – 问题解答 ④蔬菜 – 食品保鲜 – 问题解答 Ⅳ.①S660.9 – 44 ②S630.9 – 44

中国版本图书馆 CIP 数据核字（2015）第 283697 号

责任编辑	张孝安
责任校对	马广洋
出版发行	中国农业科学技术出版社
	北京市中关村南大街 12 号　邮编：100081
电　话	（010）82109708（编辑室）
	（010）82109709（读者服务部）
传　真	（010）82106650
网　址	http://www.castp.cn
经 销 商	各地新华书店
印 刷 者	北京建宏印刷有限公司
开　本	700mm×1000mm　1/16
印　张	5.125
字　数	80 千字
版　次	2016 年 1 月第 1 版　2018 年 3 月第 2 次印刷
定　价	28.00 元

编　委　会

EDITORIAL BOARD

序
FOREWORD

　　农产品产地初加工是指通过机械、物理的方法，在产地就近对农产品进行初步加工处理，使之满足现代流通条件的过程。农产品产地初加工包括农产品的分级分选、清洗、预冷、干燥、保鲜、贮藏、包装等作业环节。发展农产品产地初加工可有效降低农产品产后损失、提高农产品附加值，是农业增效、农民增收的重要途径，是对接现代农产品流通渠道、实现农村一二三产业融合发展的关键环节，也是保障农产品质量安全的必要手段。

　　我国是农业大国，许多农产品的生产在世界上具有举足轻重的地位。2014年，我国马铃薯播种面积达到0.84亿亩（15亩＝1公顷，全书同），总产量0.96亿吨；蔬菜的播种面积为3.14亿亩，总产量7.60亿吨，都稳居世界第一位。与此同时，我国农产品产后损失也十分严重。例如，果蔬产后损失率为10%～20%，远高于发达国家5%的水平；马铃薯产后损失达到15%～25%；农户玉米采后收储损失率高达8%～12%。农产品产后损失在很大程度上抵消了多年来广大农业科技工作者及生产者在育种、精细耕作等方面为提高总产量所付出的巨大努力。农产品产后损失率高的主要原因是产地初加工的技术和装备水平十分落后。枸杞、杏、红枣等都是我国西部地区的特色产品，农户多采用传统的自然晾晒方式，缺点是脱水慢、易侵染病害和滋生蚊蝇，损失大，产品商品性差。许多农户的甘薯还采用简易沟藏，通风不良，腐烂率高。随着"全国优势农产品区域布局规划"的不断实施以及种养大户、家庭农场、专业合作社、涉农龙头企业等新兴产业主体的健康发展，加快建设农产品产后初加工设施已成为当前一项紧迫的任务。

发达国家十分重视农产品产后初加工。美国的农场主普遍都建设了谷物烘储设施，可将玉米、稻谷的含水率迅速降到安全水分后再储存和销售。韩国政府支持建设了大量的农产品加工中心（APC）和稻谷加工中心（RPC）。农产品加工中心的主要功能是进行鲜活农产品分级分选、包装、贮藏、拍卖、运输、信息发布等。稻谷加工中心（RPC）主要进行稻米烘干、贮藏、糙米加工等初加工，有的进一步发展精米加工。通过产地初加工，可全面提升农产品形象、品牌价值和附加值，保护了农民的利益。

目前，我国现代农业发展已进入关键阶段，在农业资源约束加剧、农村劳动力结构变化和自然灾害频发的条件下，大力发展农产品产地初加工对于保障重要农产品的有效供给、帮助农民持续增收具有十分重要的意义。农产品产地初加工系列科普读物采用问答的方式，系统讲述了马铃薯贮藏、果蔬保鲜贮藏、果蔬干制等初加工技术和设施，文字简练、图文并茂，通俗易懂，符合当前的产业需求，也符合老百姓阅读习惯。介绍的各种技术和设施建设周期短、见效快、经济适用，能切实解决农产品产后损失严重、品质降低、产品增值低等问题。现将《农产品产地初加工系列科普读物》推荐给农产品加工管理部门和广大农户，相信对提高我国农产品产地初加工整体水平、促进农民增收致富大有裨益。

中国工程院院士　罗锡文

2015 年 10 月

前 言
PREFACE

果蔬产业是我国仅次于粮食作物的第二大农业产业。2014年，我国水果和蔬菜总产量分别达到7.60亿吨和0.96亿吨。随着农业部优势农产品区域布局规划的实施，新型工业化、城镇化进程的加快，果蔬流通呈现运距拉长，反季节、跨区域的特点，这对果蔬产地贮藏保鲜提出了更高的要求。

果蔬产地贮藏保鲜能够降低果蔬呼吸作用、保持果蔬水分，延缓果蔬失鲜、变质和腐烂，从而减少损失。此外，还可以根据市场供求情况调节出货量，不仅保障农产品供应，而且能够增加农民收入。

目前，我国水果和蔬菜流通损失率为25%～30%，远高于美国的5%，分析原因主要是水果和蔬菜产地贮藏保鲜能力不足，主要体现在两个方面，一是产地贮藏保鲜意识淡薄，机械冷藏库、商品化处理等设施装备多建在销地，产地贮藏保鲜设施缺乏；二是贮运保鲜技术的推广普及率较低，农户多是自我摸索，技术成熟度不高。

针对以上问题，编者组织有关工程技术人员，对果蔬贮藏保鲜理论、设施和技术等进行了调研、整理，并以问答方式，向读者介绍果蔬采后生理变化，典型果蔬保鲜设施，通风库、简易冷藏库、组装式冷藏库的工程建设，采收、分级与包装、预冷、贮藏与运输等果蔬贮藏保鲜技术等内容，并列举苹果、柑橘、葡萄等果品的贮藏保鲜设施和配套技术实例。全书附有大量的示意图和实地调研照片，文字浅显易懂、科普性很强，有助于读者了解果蔬贮藏保鲜的基本原理和技术，了解常用贮藏保鲜设施的建设思路和施工验收要点，适合广大种植农户和专业合作社人员参考。

本书共分4篇，由朱明、程勤阳、孙静、陈全、李喜红、李健、任小林、沈瑾、孙洁、王萍、王文生、王冰、李琴、张永茂和张平等人编写。

本书涉及果蔬贮藏保鲜理论、设施、技术等几个方面，科普性强，由于编者水平有限，书中难免出现疏漏和不妥之处，敬请读者批评指正！

编　者

2015 年 10 月

目　录
CONTENTS

果蔬贮藏保鲜技术与设施问答

第一篇

入 门 篇

入
门
篇

第
一
篇

一、果蔬贮藏保鲜特性

1. 什么是果蔬保鲜?

果蔬保鲜是指使得果蔬在采后的一段时间内能够保持足够的新鲜度的技术与装备。

2. 我国果蔬保鲜的历史可追溯到什么年代?

考古发现在 3 000 多年前商末时期就有简易的果蔬贮藏设施,但其具体使用方法尚不知晓。北魏贾思勰所著《齐民要术》中则明确记载了葡萄、梨等果品的贮藏方法。

3. 为什么果蔬需要保鲜?

果蔬采后仍有生命活动,在酶和激素作用下发生一系列生理变

1

化，如呼吸作用、水分蒸腾等，从而改变果蔬的品质、成熟度、耐贮性和抗病性，影响果蔬贮藏寿命，因此要进行果蔬保鲜，掌控温度、湿度、气体和微生物等果蔬保鲜关键影响因素，使果蔬保持良好品质。

4. 什么是果蔬的呼吸作用?

果蔬的呼吸作用是指在一系列酶的作用下，果蔬吸入氧气的同时把自身复杂的有机物质逐步降解为二氧化碳、水等简单物质，并释放出能量的过程（图 1-1）。呼吸作用越旺盛，果蔬的营养成分消耗得越多，采后贮藏寿命就越短，所以采后保鲜的一个主要任务就是采取一定的措施使果蔬的呼吸作用处于低而正常的状态。

图 1-1　果蔬呼吸作用示意图

5. 影响果蔬呼吸作用的因素有哪些?

果蔬的呼吸作用受外因和内因影响，其中外因主要包括温度、湿度、环境气体成分、机械损伤和植物激素，内因主要包括果蔬的种类、品种、成熟期和采收成熟度。

6. 温度对果蔬的呼吸作用有哪些影响?

温度升高会促进果蔬的呼吸作用。在 0～35℃，温度每升高

10℃，呼吸强度就增加 1~1.5 倍，也就相当于保鲜寿命或贮藏时间减少 1~1.5 倍。因此，在果蔬不产生冷害或冻害的情况下，贮藏温度越低越好，以便最大限度地抑制果蔬的呼吸作用。

此外，贮藏时期的温度波动也会促使呼吸作用加强，不仅增加消耗，还使保鲜袋内容易结露，不利于贮藏保鲜。因此，降温速度要快，特别是预冷或入贮前期，在不产生低温伤害的情况下，要尽快使果蔬品温达到最佳贮藏温度。

7. 湿度对果蔬的呼吸作用有哪些影响?

一般而言，表面轻微干燥的果蔬比表面湿润的果蔬更能抑制呼吸作用。如贮运湿度过高，会加强柑橘的呼吸作用，并发生生理病害水肿病（浮皮果）。但有些种类的果蔬则相反，如湿度低于80%时，影响香蕉正常后熟。

8. 气体对果蔬的呼吸作用有哪些影响?

呼吸作用是一个消耗氧气（O_2）、产生二氧化碳（CO_2）的过程，所以适当降低贮藏环境中的氧气浓度和适当提高贮藏环境中的二氧化碳浓度，脱除乙烯等有害气体，可以抑制果蔬呼吸作用，延缓后熟衰老进程。

9. 机械损伤对果蔬的呼吸作用有哪些影响?

果蔬在采收、分级、包装、运输和贮藏过程中会遇到挤压、碰撞、破皮等机械损伤。当果蔬受到损伤时，呼吸作用增强，贮藏寿命缩短，还容易受病菌侵染引起腐烂。

10. 植物激素对果蔬的呼吸作用有哪些影响？

植物激素种类繁多，所起的作用也各不相同。如 1 - 甲基环丙烯（1 - MCP）、萘乙酸、脱落酸、青鲜素、生长素和激动素等植物激素的作用是抑制呼吸、延缓后熟。乙烯的作用是促进呼吸、加速后熟。

11. 什么是乙烯？

乙烯是植物界中分子最简单的激素，其主要的生理功能是促进果蔬成熟、衰老（图 1 - 2），被称为"成熟激素"。果蔬自身代谢就可以产生乙烯，当贮藏库中乙烯积累到一定水平时，就会启动果蔬后熟，加速衰老与腐烂，而且，这种作用是不可逆转的。

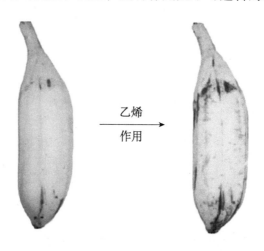

乙烯
作用

图 1 - 2　乙烯作用下香蕉启动后熟

12. 如何避免乙烯产生的不利影响？

避免乙烯不利影响的方法主要有五种：一是使用乙烯抑制剂，如 1 - 甲基环丙烯，香蕉、苹果、芒果等贮藏过程中，释放大量的乙烯，其常温贮藏时推荐使用 1 - 甲基环丙烯；二是使用乙烯吸附剂，如活性炭、沸石、硅藻土等；三是使用乙烯脱除剂，如次氯酸盐、臭氧等；四是库房通风换气及时，保持空气清新；五是不要果菜混贮或几种果、几种菜混贮。

13. 什么是果蔬的水分蒸腾？

果蔬采收以后，贮藏环境中的水蒸气压力低于果蔬组织表面的水蒸气压力时，果蔬中的水分以气体状态通过果蔬组织表面向外扩散，这种现象叫水分蒸腾。水分蒸腾会减轻果蔬重量，使果蔬失重，通常称为干耗。当水分蒸腾导致失水达 3% ~ 5% 时，果品和蔬菜就会出现明显的失鲜症状（图 1 - 3a、图 1 - 3b、图 1 - 3c 和 图 1 - 3d），表现为表面皱缩、失去光泽、质地软化、风味变淡等。此外，低温贮藏时，水分蒸腾还可能引起结露。

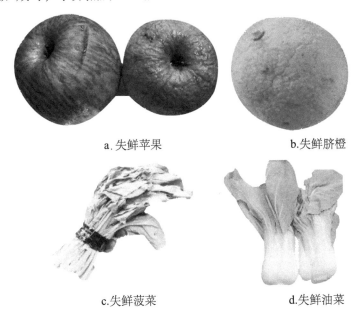

a.失鲜苹果　　　　　　　　b.失鲜脐橙

c.失鲜菠菜　　　　　　　　d.失鲜油菜

图 1 - 3　失鲜果蔬

5

14. 影响果蔬采后水分蒸腾的因素有哪些?

影响果蔬采后水分蒸腾的主要因素有 4 个方面。

（1）表皮组织，果蔬表皮自然的开孔为皮孔、气孔，表皮外部有角质层或蜡质层，较厚的角质层或蜡质层在一定程度上可限制水分蒸腾。

（2）温度，温度越高水分蒸腾越快。

（3）相对湿度，相对湿度越低水分蒸腾越快，而相对湿度和温度也有关系。

（4）空气流动速度，空气流速越快，水分蒸腾越快。

15. 防止果蔬采后水分蒸腾的主要措施有哪些?

防止果蔬采后水分蒸腾的主要措施如下：①适时采收；②在田间地头及运输过程中注意遮阳，减少太阳直射造成的水分散失；③采收后及时入库预冷，降低果蔬品温；④采用塑料袋小包装；⑤贮藏设施内安装加湿器或直接向地面洒水。

16. 什么是结露?

果蔬贮、运、销过程中，常常在产品的表面或包装容器的内表面（特别是薄膜包装）出现凝结水珠的现象就叫作结露。

17. 结露的危害是什么?

凝结的水珠和二氧化碳（CO_2）作用，形成微酸性的环境，有利于真菌的生长、繁殖，促进病原菌的传播、侵染，使果蔬更容易腐烂。

18. 哪些不当的操作会引起贮藏过程中的果蔬结露?

当出现库内温度波动，包装太大，堆集过密，通风散热不好，薄膜封闭贮藏，预冷不彻底，入库、出库时温差大等不当操作时，容易造成结露。

19. 果蔬采收后病害种类有哪些?

果蔬的采后病害分为生理性病害和侵染性病害两大类。采前或采后受到某种不适宜理化因素影响而造成的病害叫生理性病害，常见的生理性病害包括冷害、冻害和气体伤害，症状表现为果蔬表面或内部凹陷、褐变、异味、不能正常成熟等。由病原微生物的侵染而造成的病害叫侵染性病害，最终导致果蔬腐烂变质（图 1 -4a、图 1 -4b、图 1 -4c 和图 1 -4d）。80% 的果蔬侵染性病害由真菌引起，细菌主要引起蔬菜侵染性病害。

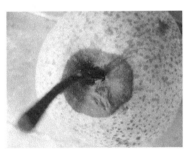

a.梨果柄基腐病

b.芒果炭疽病

c.胡萝卜黑腐病

d.辣椒软腐病

图 1 -4 果蔬采后侵染性病害

20. 果蔬发生生理性病害的原因主要有哪些?

果蔬发生生理性病害的主要原因如下:一是采前土壤、水分、光照等生长条件不适宜;二是过早或过晚采收;三是贮运温度、湿度、气体等条件不适宜,如苹果的"虎皮病"(图1-5a)与"苦痘病"(图1-5b)、鸭梨的"黑心病"(图1-5c)、柑橘的"褐斑病"(图1-5d)等。

a. 苹果虎皮病

b. 苹果苦痘病

c. 鸭梨黑心病

d. 柑橘褐斑病

图1-5 水果生理性病害

21. 什么是冷害?

冷害是指果蔬在高于其细胞液冰点的不适宜低温条件下,产生的生理代谢失调。冷害在贮藏生产中更容易发生,而且经常发生,应当引起足够重视。如对于原产热带、亚热带的果蔬,低于一定贮

8

运温度将产生冷害。

22. 冷害的症状是什么？

冷害症状主要表现为腐烂、变色、凹陷或不能正常完熟，果蔬种类、品种、成熟度、形状、大小不同，冷害症状各异，如香蕉是表皮变黑、不软化（图1-6a），菜豆是表皮水浸斑（图1-6b）、褐变，茄子是表皮及内部褐变，柑橘是发苦，西瓜是表皮黑点或黑斑等。

 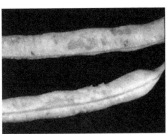

a. 香蕉黑皮　　　　　　b. 豆角表皮水浸斑

图1-6　果蔬冷害症状

23. 什么是冻害？

冻害指环境温度低于果蔬组织细胞液的冰点温度，使细胞组织内结冰。特别注意果蔬冻结后不能翻动，更不可时冻时化，否则果蔬回温后变褐、发软，继而腐烂（图1-7）。

图1-7　梨的冻害

24. 什么是气体伤害?

若气调贮藏中气体调节不当,或者热天运输通风不畅时,易发生气体伤害。气体伤害主要包括低氧(O_2)伤害、高二氧化碳(CO_2)伤害、氨气(NH_3)伤害和二氧化硫(SO_2)中毒。

25. 什么是低氧伤害?

低氧伤害是果蔬贮藏过程中氧气(O_2)含量过低引起的生理伤害,主要症状是果蔬表皮组织局部塌陷,褐变,软化,不能正常成熟,产生酒精和异味。

26. 什么是高二氧化碳伤害?

高二氧化碳伤害是果蔬贮藏过程中二氧化碳(CO_2)含量过高引起的生理伤害,主要症状是果蔬表面或内部组织或两者都发生褐变(图1-8),出现褐斑、凹陷或组织脱水萎蔫甚至形成空腔。

图1-8　苹果高二氧化碳伤害

27. 什么是氨气伤害?

氨气伤害是指冷库制冷系统泄漏的氨气(NH_3)与贮藏果蔬接

果蔬贮藏保鲜技术与设施问答

触，引起的果蔬变色或中毒现象，伤害的程度取决于冷库中氨气的浓度和泄漏持续时间。不同果蔬氨气伤害症状不同，如蒜薹氨气伤害症状是薹条出现不规则浅褐色凹陷，严重时薹条整个变黄。

28. 香蕉采后的侵染性病害主要有哪些?

香蕉采后侵染性病害主要有炭疽病和冠腐病。香蕉炭疽病症状是果皮上出现细小的圆形淡褐色斑点，稍凹陷，初期细小斑点油渍状，后扩大成褐斑，连成片，病部产生许多朱红色黏质小点，可接触传染（图 1-9a）。香蕉冠腐病症状是蕉梳切口、伤口发病，出现褐色斑点或白色棉絮状菌丝，病斑边缘水渍状，严重时指果脱落，果皮爆裂，蕉内僵死，不易催熟（图 1-9b）。

a. 香蕉炭疽病　　　　　　　　b. 香蕉冠腐病

图 1-9　香蕉采后主要侵染性病害

29. 柑橘采后典型的侵染性病害有哪些?

青霉病和黑色蒂腐病是柑橘采后经常发生的侵染性病害。柑橘青霉病症状是果实软化水渍状褪色，呈近圆形斑，手轻压极易破裂，白色气生菌丝后分生青霉（图 1-10a）。青霉病在贮藏前期发生，烂果不黏附包装纸。柑橘黑色蒂腐病（又称焦腐病）症状是果蒂周围出现水渍斑，软腐，病部果皮暗紫褐色，无光泽，指压果皮易破裂撕下，蒂部腐烂后，病菌很快进入果心，有棕褐色黏液溢出，剖开果心可见黑色病斑（图1-10b）。

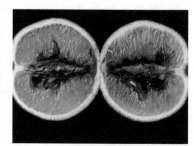

a. 柑橘青霉病　　　　　　　　b. 柑橘焦腐病

图1-10　柑橘采后典型侵染性病害

30. 影响果蔬采后侵染性病害发生的因素有哪些?

果蔬采后侵染性病害发生受内因和外因影响。内因主要是果蔬的种类和品种、水分状况、体内 pH 值和成熟度。不同种类和品种的果蔬抗病性有明显差异，如甜橙与宽皮柑橘相比，更易发生黑腐病。不同的病原菌特性不同，有的只危害成熟瓜果，有的只危害幼果，因此果实采收成熟度是否合适对于抑制侵染性病害的发生非常重要。

外部因素包括温度、相对湿度和气体。温度是病原菌微生物生长的重要环境条件，低温有利于抑制病原菌生长，减少侵染并抑制已形成侵染组织的发展。高湿是果蔬侵染性病害发生的必要条件之一，果实表面湿度越大、表皮含水量越高，越易发病。不同气体对果蔬采后侵染性病害发生的影响不同，如贮藏环境中二氧化碳浓度较高时，可有效抑制由真菌引起的侵染性病害的发生，而贮藏环境中乙烯浓度较高时，可能诱发病原菌在果蔬组织内的生长。

二、常用的果蔬贮藏设施

1. 常用的果蔬贮藏设施有哪几种?

常用的果蔬采后贮藏设施有贮藏窖、贮藏库和机械冷藏库等。贮藏窖指室内地平面低于室外地平面的高度超过室内净高 1/3 的贮藏设施,主要包括井窖和土窖洞。贮藏库指室内地平面低于室外地平面的高度不超过室内净高 1/3 的贮藏设施,最常用的贮藏库是通风库。

2. 什么是井窖?

井窖是一种投资少,窖内温度、湿度较稳定且易于控制,贮藏时间较长的简易贮藏设施。井窖剖面图如图 1 – 11 所示,其中窖体

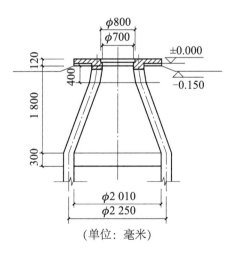

(单位:毫米)

图 1 – 11 井窖剖面图

分为窖颈、窖体上半部分（呈圆台形）和窖体下半部分（圆柱形底）。井窖主要用于柑橘、脐橙、生姜、甘薯、马铃薯、萝卜等耐藏性果蔬的短期保鲜。

3. 井窖的优缺点是什么？

井窖的优点是窖内温度、湿度相对平稳，日常管理简单、不耗电、不占用土地资源。井窖的缺点是前期降温速度慢、保鲜时间短，与冷库相比损耗较大，应用受到地域或场所局限，不适于大规模贮藏。井窖是广大劳动人民长期智慧的结晶，简易实用，造价低，短期内难以淘汰，仍有大量需求。

4. 什么是土窑洞？

土窑洞是在我国西北的黄土高原地区，人们对传统的窑、窖加以改进，完善其通风降温功能，创立的独具特色的土窑洞贮藏方式（图 1 – 12）。传统土窑洞主要用于苹果和梨的商业性贮藏保鲜。

5. 土窑洞的优缺点是什么？

土窑洞的优点是投资少，耗能低，贮藏效果较好，比较适合我国西北地区农村目前经济和生产力水平，如果辅助机械制冷，可以达到简易冷藏库的保鲜效果。

土窑洞的缺点是保鲜时间中等，有一定的损耗，应用受到地域或场所限制。土窑洞是一种机动性较大的贮藏设施，其贮藏性、安全性和管理技术都有待进一步改进、提高。

14

图 1-12 土窑洞

通风库是自然冷源充沛地区的传统贮藏设施，是一种具有保温隔热、采取自然通风和机械通风相结合，从而适当降低库内温度的贮藏设施。

7. 通风库的优缺点是什么？

通风库的优点是降温比井窖快，与冷库相比，库体与设备投资可节省60%，节能（电）90%。

通风库的缺点是温度易受外界气候影响，只能保鲜大宗耐贮果蔬，管理费工，周年利用率较低。目前通风库仍有一定的应用面积，可以因地制宜推广。

8. 什么是机械冷藏库？

机械冷藏库又称冷库，是利用降温设施创造适宜的湿度和低温

15

条件的仓库，用于加工、贮存农畜产品。

9. 机械冷藏库如何分类?

机械冷藏库分类方式较多，根据工作库温要求，机械冷藏库分为高温库、中温库、低温库和冻结库。用于果蔬贮藏的是高温冷库，库温范围是 -2 ~ 12℃，也可用于果蔬预冷。低温库的库温范围是 -28 ~ -23℃，主要用于肉类、水产品及适合该温度范围的其他产品的贮藏。

根据库体结构类型，机械冷藏库可分为土建式冷库和组装式冷库。

根据制冷设备选用工质，机械冷藏库可分为氨冷库和氟利昂冷库。氨冷库指制冷系统采用氨作为制冷剂的冷库。氟利昂冷库指制冷系统采用氟利昂作为制冷剂的冷库。

10. 机械冷藏库的优缺点是什么?

机械冷藏库的优点是果蔬贮藏损失少，有利于实现果蔬全年均衡供应。缺点是库内温度一般波动 ±0.5℃，果蔬易结露、失水；与通风库相比，耗电量大、建库费用大、需要一定的专业技术。机械冷藏库是现代保鲜的基础，在我国发展空间巨大。

11. 什么是气调库?

气调库是在机械冷藏库的基础上，增加气体成分调节，通过对贮藏环境中温度、湿度、二氧化碳、氧气浓度和乙烯浓度等条件的控制，实现果蔬贮藏保鲜。气调库主要用于苹果、梨、香蕉、猕猴桃等水果的商业化贮藏保鲜。

12. 气调库的优缺点是什么？

气调库的优点是对呼吸跃变型果蔬①的保鲜效果显著，适宜于大中型贮藏企业建造。缺点是造价高，正常运行与维护费用高，贮藏后期对果蔬风味有一定影响，现阶段在农村大量推广具有局限性。

---

① 呼吸跃变型果蔬指在成熟开始时呼吸强度急剧上升，达到高峰后转为下降的果蔬，如苹果、梨、香蕉、木瓜、无花果、柿子、桃、李、杏、番茄、南瓜等

第二篇

设 施 篇

一、通风库

1. 通风库如何分类?

通风库分类方式较多,按通风方式分为自然通风库和机械通风库两种。常见通风库的贮藏量为 20 吨和 50 吨。

根据屋顶形状可分为拱形屋面、平顶屋面(图 2 - 1)和坡屋面三种。拱形屋面可以采用砖砌,起拱高度一般不小于 1.5 米。

图 2 - 1 平顶屋面的通风库

2. 我国哪些地方适宜建设通风库？

昼夜温差较明显、自然通风效果良好的地方都适合建设通风库。我国三北地区（华北、西北和东北）、华东地区的部分省市，以及西南地区都非常适宜建设通风库。

3. 怎样选择通风库的建设地点？

选择通风库的建设地点时，首先要考虑符合当地的土地利用总体规划和村镇规划，其次要选择工程地质条件较好的地方。具体实施时，应选择在田间地头、庄前屋后无污染源的闲置土地上，地势较高、土层深厚、地下水位低、电源较近、通风良好的地方，同时要远离坟地、公路、自然灾害频发及地基松软的区域。

4. 建设通风库时的准备工作有哪些？

（1）技术准备。施工图纸应由当地有资质的建筑设计单位完成，设计内容与施工条件应一致，施工时各工种之间衔接配合应良好顺畅。

（2）现场准备。准备好建设材料和必要的支撑设施，按照设计图纸要求布置测量点，做好控制线（划线、放样），做好施工用电、用水和器具的准备工作。

（3）建筑材料准备。做好建筑材料的使用计划和货源安排，主要建筑材料应符合国家建筑标准，施工时把材料的合格证等有关文件留存好，以备将来查用。

5. 通风库施工的先后顺序是什么？

首先是土建工程，主要包括土方开挖、验槽、垫层、砌筑墙体和库顶、室外台阶和坡道的施工等。

其次是设备安装工程，通风库的技术关键是通风系统，主要包括排风口、排风道设计，以及排风机设备的选型和安装等内容。

6. 建设通风库时要准备哪些建筑材料?

（1）水泥。宜采用 325 号及以上的硅酸盐水泥、普通硅酸盐水泥或矿渣硅酸盐水泥。

（2）钢筋。材质应达到 GB 1499.1—2007 或 GB 1499.2—2007 的要求。

（3）机砖。普通砖是没有孔洞或孔洞率小于 15%，外观质量，如其两平面高度差、弯曲、杂质凸出高度、缺楞掉角尺寸、裂纹长度和完整面等六项内容应符合质量要求。

（4）砂子。中砂或粗砂，含泥量不大于 2%。

（5）石子。卵石或碎石，粒径 0.5~3.0 厘米，含泥量不大于 2%。

（6）保温门。聚氨酯芯材的密度不小于 40 千克/立方米，应采用防火材料。

此外，还有钢丝网、防水涂料等，都应符合施工要求。

7. 如何设置通风库的保温?

墙体和屋顶的保温要根据当地气象和地质条件进行设计，北方地区地下和半地下的拱形屋面可以在屋面上采用 500~1 500 毫米的覆土层。

库门宜采用保温门，芯材通常选用聚氨酯板材料，厚度≥50 毫米，密度达到（40±2）千克/立方米，严寒地区可适当增加保温板厚度。

21

如遇到连续多天极端低温气候，可加挂保温门帘。聚氨酯发泡板属于易燃材料，防火应达到国家标准的 B2 级或 B1 级要求。

通风库的地面一般不进行特殊保温处理，采用三合土即可。

8. 如何设置通风库的通风系统？

通风库的通风系统包括进风口和排风口，二者不宜布置在同一侧，避免出现气流短路。

通风库的进风口一般设置在库门的两侧下部，开孔尺寸为 15 厘米 × 15 厘米左右，要求用筛网进行防鼠处理，与库门对面的排风口相对设立。

通风库的排风口一般设置在库门对面墙体约 2/3 处，开孔的尺寸通常为 1 米 × 1 米左右，内部可设置活动挡板，用于调节排风量的大小，并与库外排风道相通，排风道呈方形或圆形，上部内径为 0.8 米左右，越往上越细，起到向上吸风的作用，一般要求高于库顶至少 0.5 米以上，排风道顶部一般安装一台轴流风机，风量不小于 2 500 立方米/小时。图 2 - 2a 为通风库的进风口，图 2 - 2b 为通风库的排风口。

a. 通风库的地面进风口　　　　　b. 通风库的排风口

图 2 - 2　通风库的通风设施

9. 通风库验收的要求和指标有哪些?

通风库属一般建筑物,要符合相关验收标准和建设规范,如:《建筑地基基础工程施工质量验收规范》(GB 50202—2002)、《建筑工程施工质量验收统一标准》(GB 50300—2002)、《砌体工程质量验收规范》(GB 50203—2002)和《混凝土工程施工质量验收规范》(GB 50204—2002)。此外,通风库还需要满足如下的技术指标和要求(表2-1)。通风库建设完成后,如验收发现不符合标准和规范的情况,特别是存在安全隐患的通风库要严禁使用,必须进行彻底整改,消除隐患才能投入使用。

表 2-1 通风库主要技术验收指标

验收项目	通风库规格(吨)	
	20	50
库内地面面积(平方米)	≥30	≥80
库内净容积(立方米)	≥100	≥250
拱形顶尺寸(米)	拱高≥1.5,跨度≤4.0	
墙体和门保温	墙体:通过覆土或增加保温材料等方式满足库体保温要求。门:芯材宜采用聚氨酯板,厚度≥50毫米,密度(40±2)千克/立方米,阻燃B2级。	
风机风量(立方米/小时)	≥2 500	≥5 000
库体排水	有	

10. 通风库使用注意事项有哪些?

通风库使用应注意以下两点:一是注意用电安全,风机的接电,应符合相关规范,库房内的照明设施,应安全可靠,如果是半下地或是地下的通风库,还要注意电线的防潮处理,二是注意库房的使用安全,平时应多观察门口或坡道,遇到大雨时,应提前在门口外做防水处理，对库房做好定期检查，不仅要检查果蔬的质量情况，还应检查通风口和风机的运转情况，保证设备的良好使用，并做好书面记录。

二、简易冷藏库

1. 什么是简易冷藏库?

简易冷藏库是指利用闲置房屋或砖窑洞等原有贮藏设施，通过增加保温处理和制冷设备而改建的机械冷藏库，主要用于农产品的预冷、贮藏和保鲜。常见的简易冷藏库有 10 吨、20 吨和 50 吨，最大的贮藏量一般不超过 100 吨。

2. 什么样的建筑物可改造成简易冷藏库?

将原有建筑改造成简易冷藏库，需满足以下两个条件：一是原来的闲置房屋或砖窑洞的结构是安全的；二是原有建筑物的周边具备三相动力电，可以满足制冷设备的运转需求。

3. 简易冷藏库的施工顺序是什么?

简易冷藏库设计图纸如图 2-3 所示，其建设内容主要包括保温层的改造和施工，以及制冷设备和电气设备的安装和调试。具体施工顺序为：墙体、地面、天花板或龙骨架找平——开门洞、通风窗洞、设备安装、照明管线孔预留、预埋——墙体、地面防潮处理——顶层保温——墙体保温——地面保温——地面砂浆保护层——安装保温

24

门——→安装制冷设备——→调试和验收。具体施工方案由建设单位和施工队现场协商确定。

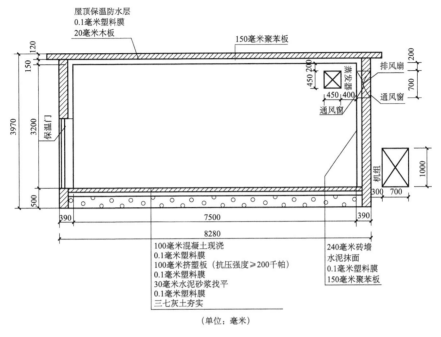

图 2-3 20 吨简易冷藏库的剖面图

4. 简易冷藏库建设要准备哪些建筑材料?

简易冷藏库建设主要准备如下材料:一是要准备木龙骨的木材、铁皮、乳胶和油漆等,质量要达到相应标准和要求;二是按照冷库的面积购买保温板,板的密度要达到 18 千克/立方米;三是量好库门的尺寸,到厂家订做或是自己按有关技术要求进行加工;四是防鼠门,开门方向一般向库内开启,在保温门的里面做一个镶嵌孔径 10 毫米×10 毫米左右的筛网;五是保温窗,一般为双扇,分别向内或向外开关。要按设计尺寸制作,内外裁口处加海绵条,扇内加

50～100 毫米厚聚苯板，两侧包铁皮，起到保温和密封作用。

5. 简易冷藏库的保温层如何建造？

简易冷藏库的保温层在改造过程中有采用聚苯乙烯泡沫板黏接的，也有采用聚氨酯现场发泡的方法的。下面以聚苯板黏接方式为例说明保温层的施工过程。

（1）墙体保温。四周墙体涂上液体沥青或聚氨酯胶，第一层黏贴 50 毫米厚聚苯保温板，用竹签固定；再涂一层聚氨酯胶，第二层黏贴 100 毫米厚聚苯保温板，并且第二层与第一层苯板要错缝黏贴。

（2）顶棚。涂上液体沥青后嵌入木块或做木质龙骨架，下部吊两层聚苯乙烯泡沫板，厚度为 50 毫米和 100 毫米，其他技术要求和墙体的保温相同。

（3）地面保温。素土夯实后，铺一层塑料薄膜防潮层，上面铺两层挤塑聚苯板（XPS 板），密度为每立方米 32 千克，单层厚度 50 毫米，两层错缝铺设，将缝隙盖住，上部再铺一层塑料薄膜防潮层，表面铺设一层 100～150 毫米的水泥面层。

在建设改造简易冷藏库过程中，应确保库体的防潮层、保温层的连续对接，不出现或少出现"冷桥"，要特别注意，不能将电线接头设计或安装在保温材料附近，避免电火花引起火灾。

6. 什么是冷桥？

在冷藏库围护结构绝热层中，有导热系数比绝热材料的导热系数大得多的构件，如梁、柱、管道和吊卡支架等穿过或嵌入其中，使绝热构造形成缺口、不严密的薄弱环节等，习惯上将这些构造称为"冷桥"。冷桥在构造上破坏绝热层和隔汽层完整性与严密性，会使绝热材料受潮失效，墙和柱形成的冷桥可以使地下土壤冻胀，墙面发生"跑冷"和"出汗"现象，影响冷藏库的正常使用，有时还会危及建筑结构的安全。

7. 简易冷藏库屋顶施工时怎样防止"冷桥"现象？

简易冷藏库屋顶形状不同，防止"冷桥"设计也有差别。

坡屋顶的无冷桥设计方法如图 2-4a 所示，原贮藏设施为坡屋顶结构，保温材料选择苯板或稻壳、膨胀珍珠岩等均可。这种坡屋顶结构，既可以减少太阳辐射，又有空气隔离层，保温效果好，维修也比较方便。

平屋顶无冷桥设计方法如图 2-4b 所示，保温材料一般只能选择苯板或聚氨酯喷涂。若有悬臂梁，聚氨酯可以直接喷涂，苯板保温层只能做到与梁底面齐平，作法是梁下吊龙骨架，龙骨架下吊装保温苯板。

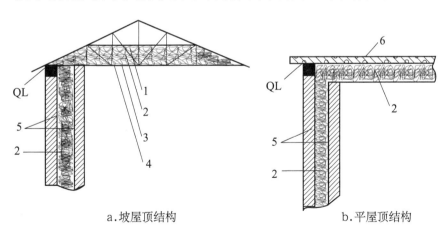

a. 坡屋顶结构   b. 平屋顶结构

图 2-4 简易冷藏库屋面无冷桥结构示意图

QL. 圈梁；1. 保温材料保护层；2. 保温材料；3. 防潮隔气层；

4. 镶上木板或其他保温材料支承物；5. 防潮隔气层；6. 防水层

8. 简易冷藏库保温门施工时怎样防止"冷桥"现象？

如图 2-5 所示，4 号标示的侧面墙体为木板或三合板，而不是实体砖墙与库体内墙、外墙连续链接，防止"冷桥"现象的出现。

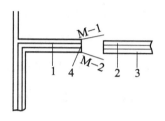

图 2-5　保温门侧面无冷桥设计平面示意图

1. 保温材料装填夹层；2. 外墙；3. 内墙；4. 门洞侧面保护层（木板或三合板）；

M-1. 保温门；M-2. 防鼠门

9. 安装保温门时要注意什么？

保温门是简易冷藏库果蔬出入的唯一通道，是影响冷藏库温度波动、能量散失的关键部件之一。安装保温门时要注意定位的准确，四角的周正，与库体贴得紧密、均匀，不能有缝隙，还要注意保护门的表面油漆，以提高门的使用寿命。

为了提高库体的保温效果，门的外侧上方可以装备风幕机，与保温门开启时同步起动。风幕机自上而下吹风，阻隔外界热或过冷空气入侵库内，保证贮藏库的保温功能。

10. 怎样选择简易冷藏库的制冷压缩机？

制冷主机宜选择全封闭、半封闭或螺旋式的设备，以保证设备的可靠性，库内的冷风机宜选择低温型号的，如 DD 系列的冷风机。例如：一座 10 吨的简易冷藏库，库内温度范围 – 5 ~ 10℃，制冷设备可选用 3 匹全封闭或半封闭机组，蒸发器可选 DD22 型。一般来讲，长江以北地区，建议采用风冷压缩机组，而长江以南地区，因夏季气温偏高，建议采用水冷压缩机组。

11. 安装制冷设备有哪些注意事项？

当简易冷藏库的保温工程改造全部完成，并确认所有的土建部位干燥且达到预定强度后，才可以通知制冷设备配套企业进行设备的安装和调试。

制冷设备中的库内蒸发器（冷风机）安装应平直、整齐、居中，各连接处应稳固可靠；室外机组安装要水平、牢固，机组周围应做安全隔离处理，以防小孩玩耍时误入，也可贴一些警示标志，保证设备安全；控制箱、机组上方应有防雨措施，管路和电缆连接紧密可靠，走向平直美观，不能出现泄漏和乱接现象。

12. 简易冷藏库验收的要求有哪些？

加装制冷设备时，无论是制定安装方案还是现场施工，都要考虑方案是否符合原来的建筑物，冷风机和制冷机组的安装要进行现场的勘察，既要保证制冷效果，管道不宜过长，又要保证室内风机和室外机组的运行安全。此外，简易冷藏库还需要满足如下的技术指标和要求（表 2 – 2）。简易冷藏库建设完成后，如验收发现不符合标准和规范的情况，特别是存在安全隐患的简易冷藏库要严禁使用，必须进行彻底整改，消除隐患后才能投入使用。

表 2 - 2　简易冷藏库主要技术验收指标

验收项目	简易冷藏库规格（吨）		
	10	20	50
公积容积（立方米）	≥50	≥100	≥250
库体保温材料	水泥抹面，贴 0.1 毫米塑料膜，错缝黏贴厚度 ≥150 毫米聚苯乙烯板（密度 ≥18 千克/立方米），外加保护层；或者直接喷涂厚度 ≥80 毫米聚氨酯层 [密度（40±2）千克/立方米]，外加保护层。屋顶具备良好的防水、防潮、保温的外保护层。		
地面处理（自下而上）	三七灰土夯实、0.1 毫米塑料膜、30 毫米水泥砂浆找平、0.1 毫米塑料膜、100 毫米挤塑板（抗压强度 ≥200 千帕）、0.1 毫米塑料膜、100 毫米混凝土现浇。		
保温门	芯材为聚氨酯，厚度 ≥100 毫米，密度 ≥（40±2）千克/立方米，阻燃 B2 级，库门安装安全脱扣装置。		
机组输入功率（匹）	3	5	12
蒸发器	DD22	DD40	DD60×2
组装冷藏库温度（℃）	-5 ~ 15		
备选自然冷源风机（立方米/小时）	1 000 ~ 1 200	2 000 ~ 2 500	4 000 ~ 4 500
安全措施	电气元件安全可靠，电热融霜加装过热保护，钢结构符合消防要求。		

13. 简易冷藏库如何维护?

简易冷藏库的维护主要包括三个方面：一是保温层的维护，平时进出库门时，注意尽量不用利器或硬质的材料触碰保温层，或是在保温层表面做一些防撞防碰的保护设施。因为保温层一旦遭到破坏，单独更换一块板是很难的，而且还严重影响保温效果。二是制冷设备的维护。要注意室外设备，即制冷压缩机组的安全运行，不但要保证设备本身的安全，更要做好积极的防护措施，严防有人误入其中，杜绝安全事故的发生。三是电线的保养和看管。要养成定期检查库和电线的良好习惯，一旦发现有安全隐患，及时应对和排除，严防火灾的发生，保证贮藏库在安全有序的状态下运转。

14. 简易冷藏库的融霜方式有哪些？

融霜方式有电热融霜和水融霜等。采用电热融霜时，应加装融霜过热保护。采用水融霜时，需加装循环泵和水箱。对于地下或半地下的简易冷藏库来说，适宜采用电融霜，因采用水融霜时，融霜水无法自然排到库外面。当冷风机的结霜厚度达到半指或一指厚时，就要进行融霜操作。

当使用电融霜时，要注意以下两点：①注意简易冷库宜采用低温库的冷风机型号，以减少形成冰霜的可能性；②从冷风机的接水盘接一根水管到库外，或是在底部偏后处放置一个小水桶作为化霜水的水盆，定期可将水倒到简易冷藏库的外面。

三、组装式冷藏库

1. 什么是组装式冷藏库？

组装式冷藏库也称拼装式冷库、组合冷库、活动式冷库，是指组成冷库的库板、制冷机组、蒸发器等组件都是在工厂预先制造好，施工现场组装好即投入生产使用的冷库。组装式冷藏库的结构图如2-6所示。

组装式冷藏库是一种新的冷库建筑形式，具有重量轻、体积紧凑、空间利用率高、保温性能好、安装方便、建设周期短、维护简单等特点，是当前制冷行业的发展趋势之一。常见的小型组装式冷库有 10 吨、20 吨、50 吨、100 吨、200 吨、300 吨、400 吨和 500 吨。

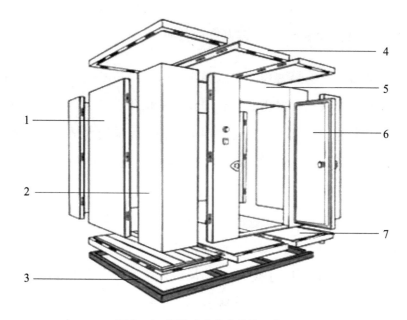

图 2 – 6　组装式冷藏库结构示意图

1. 墙板　2. 角板　3. 底框　4. 顶板　5. 门框　6. 库门　7. 底板

2. 组装式冷藏库由哪几部分组成？

组装式冷藏库由以下几部分构成：

（1）冷库的库体部分。一般由聚苯乙烯或聚氨酯夹芯保温板组成，20 世纪 90 年代，多以聚苯乙烯保温板为主，厚度多为 100～200 毫米；21 世纪以来，多采用聚氨酯保温板，厚度为 100～150 毫米。

（2）制冷设备。如氨系统、氟系统或乙二醇冷媒系统等；分散式供冷，集中式供冷等，蒸发器等。

（3）电气控制系统。如温度控制系统、压力控制系统等。

（4）通风换气系统，如进气扇等。

（5）附属设施。如库门、防撞杆等。

3. 组装式冷藏库适宜哪些果蔬的贮藏保鲜?

组装式冷藏库适合大部分的水果、蔬菜，以及粮食等作物的贮藏保鲜。蔬菜中的叶菜类，如小白菜、菠菜和芥菜等普通叶菜，葱、韭菜等香辛叶菜，一旦失水，对贮藏品质的影响很明显，重量也会显著下降，所以这类蔬菜的贮藏设施应设置加湿设备。如果是呼吸跃变比较明显的品种，也就是采收后果蔬的后熟作用明显的品种，如梨、苹果等，可以采用气调的方法来抑制果蔬的呼吸作用，提高果蔬的贮藏效果和质量。

4. 组装式冷藏库选址有哪些要求?

组装式冷库在建设地点选择方面要遵照以下 3 个常用原则。

（1）库址周围要有良好的通风条件。避开有害气体、烟雾、粉尘等，一般应在建设地夏季最小频率风向的上风侧。

（2）库址应选择在交通运输方便的地方。以利于果蔬进出冷库。

（3）库址的周围应有可靠的水源和电源。尽量靠近新建的输电线路，中小型冷库不考虑自备发电机，以节省投资，并保证水电的供应。

一般来讲，长江以北地区宜采用风冷式冷凝压缩机组，长江以南地区应采用水冷压缩机组，个别环境温度较低的通风地区也可采用风冷方式，但应加大冷凝面积以保证制冷效果。

5. 组装式冷藏库保温板的施工顺序是什么?

安装保温板的顺序要依据生产厂家和库板的拼接方式来确定。

(1) 如果是聚苯板或插接聚氨酯板,库体的具体安装流程:

平整地面——→确定基点——→竖立墙板——→安装顶板——→铺设底板。

(2) 如果是挂钩的聚氨酯板,安装顺序:

平整地面——→铺设底板——→竖立墙板——→安装顶板。

安装库板没有具体的国家标准和要求,主要是根据生产厂家的保温板特点进行具体的安装。一般对安装时的墙板要求是保证垂直,误差不大于 2/1 000,对顶板和底板的要求是,水平误差不大于 1/1 000。对于地面采用硬质聚氨酯泡沫塑料(PUR)或多层聚苯乙烯泡沫塑料的地面保温结构,在安装上没有特殊要求,只要满足设计图纸和承重要求即可。

库体施工要求:库板结合处要全部打上密封硅胶,打硅胶最好排在当天收工时处理,以防施工中的磕碰。

6. 组装式冷藏库的地面要进行哪些处理?

对地面的一般要求是隔热保温、防潮隔汽、结构坚固和抗冻耐久(图 2-7)。对于组装式冷藏库的地面不用做特殊处理,如果地板是聚苯乙烯保温板,地板最好再采用拉铆的方式加上一层铁板或不锈钢板,以保证承重的要求。如果是聚氨酯板,硬度完全可满足使用要求。

7. 怎样选择组装式冷藏库的制冷压缩机组?

制冷设备要安全可靠,经济实用,因此选择时一般以国产或合

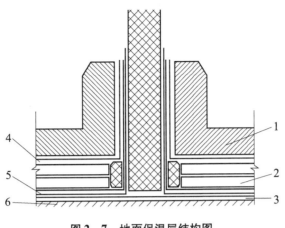

图 2 - 7　地面保温层结构图

1. 面层　2. 隔热层　3. 防潮屋　4 - 5. 气密层　6. 基础板

资设备为主，慎选纯进口的制冷设备，品牌以比泽尔、谷轮、三洋等常见的国内外大品牌为宜。为保证维修的方便和配件的供应，宜选择在建设地点有代理商和经销商的设备。设备选择时要考虑装配式冷库的库容，大中冷库宜选择氨制冷剂（R717），应购置配套的氨制冷设备，中小型冷库宜选择氟利昂制冷剂，应购置配套的氟制冷设备。

8. 如何选择组装式冷藏库的风机?

冷库的冷风机通常有 3 种规格，即速冻间（DJ）、低温间（DD）和高温间（DL）。3 种风机的区别主要在结构方面，具体讲，温度越低翅片间距越大，所以在实际应用中，越来越多的果蔬冷藏库不选择 DL 型的冷风机，而是直接选用 DD 的冷风机，以提高制冷效果，减少风机冰霜的形成，保证库温的稳定性，从而达到良好的贮藏效果。

9. 组装式冷藏库制冷设备安装的施工顺序是什么?

组装式冷藏库的制冷设备安装分为以下 3 个步骤。

（1）压缩机组安装。在压缩机安装就位之前，要根据设计的图纸确定压缩机的准确位置，一般是采用吊装的方法将制冷压缩机组安装到事先做好的机座或水泥基础上，然后将压缩机组的地脚螺栓灌浆或采用垫块的方式调整好压缩机的水平，保证压缩机组的正常工作。

（2）蒸发器的安装。先根据设计的图纸确定蒸发器在库内的位置，找出四个角吊顶螺栓的确切点，用开孔器对保温板进行开孔安装塑料吊杆螺栓，再用密封胶把吊杆两侧封住，以保证不出现"冷桥"，最后把蒸发器固定在四角的螺栓上。

（3）管道及阀门的安装。安装好各主要制冷部件后，就可以开始安装制冷管道及阀门。主要包括制冷管道、化霜水管及各种阀门。制冷管道要注意除锈和焊接的良好，各种阀门要密封，最后还要对回汽管进行保温处理，以减少冷量的损失。

10. 制冷设备安装要注意什么？

制冷设备安装、调试严格遵守《制冷设备、空气分离设备安装工程施工及验收规范》等相关国家标准的技术要求。

（1）制冷压缩机组。设备的安装要保持水平，固定时需要安放防震垫片，四周的通风应良好，与蒸发器之间的距离越小越好，一般不能超过5米，以保证不出现过大的冷量损失，设备的控制箱须配置必要的高低压、过载、过流、漏电等自动保护装置。

（2）蒸发器。蒸发器的进风口不宜对着库门，最好吊装在冷间的纵向端，蒸发器背面与立板间距为500～600毫米，蒸发器顶部与顶板间距为150～200毫米。

（3）温控传感器。应放置在蒸发器回风口处，距离蒸发器背面300～400毫米，化霜传感器插入翅片中（不能靠近电热管）。

安装完毕后必须对系统进行全面的电器安全检查，排除隐患，电线中间不允许有接头。保温门口可加装风幕机，自上而下高速吹出风幕，选择射程超过 2.5 米的风幕机，有效地阻隔热传递，还可加装透明软门帘，节能效果更佳。

11. 组装式冷藏库的验收要求有哪些?

组装式冷藏库的建设要遵守国家有关标准和规范，主要有《冷库设计规范》（GB 50072—2010）、制冷设备、空气分离设备安装工程施工及验收规范》（GB 50247—98）、《冷藏库建筑工程施工及验收规范》（SB J11—2000）等，还要符合当地的有关规划和土地要求。

组装式冷藏库验收需要满足的技术指标和要求如表 2-3 所示。此外，还应注意以下几点：①制冷机组的制冷量要达到技术方案的要求，并兼顾合理性和经济性，同时在查看保温板和制冷设备的检测报告和出厂合格证，并进行留存。②在进行空库降温时，一般情况下环境温度不超过 35℃ 时，空库温度从室温降到 0℃ 时间不大于 4 小时。③注意检查土建工程的施工质量，尤其是看不见的隐蔽工程，要做好记录或照片留底。最后要检查库板的工程外观和打胶的均匀性等。至于制冷设备和库板本身的质量，可参考国家和工厂的有关标准和工程措施。

组装式冷藏库建设完成后，如验收发现不符合标准和规范的情况，特别是存在安全隐患的组装式冷藏库要严禁使用，必须进行彻底整改，消除隐患后才能投入使用。

12. 组装式冷藏库怎样进行融霜?

传统的融霜方式是每隔一段时间进行一次人工除霜，一般间隔时间为一个月左右，还可以平时进库时多观察，看到结霜到一定程度就除一次。也可以提前采取一些具体措施，比如加大风机的换热面积，或高温库采用低温的风机，从而减小结霜厚度，避免人工除

表2-3 组装式冷藏库主要验收技术指标

验收项目	规格（吨）							
	10	20	50	100	200	300	400	500
公制容积（立方米）	≥50	≥100	≥250	≥500	≥1 300	≥2 000	≥2 500	≥3 000
库体保温材料	聚氨酯双面彩钢板，厚度≥100 毫米，密度（40±2）千克/立方米，阻燃 B2 级，彩钢板厚度≥0.476 毫米							
保温门	库门芯材为聚氨酯，厚度≥100 毫米，密度≥（40±2）千克/立方米，阻燃 B2 级，密封严实							
动力电源	三相动力电：380V±10%，50Hz							
机组输入功率（匹）	3	5	12	15×2	20×2	25×2	20×3	25×3
蒸发器	DD20	DD40	DD60×2	DD80×4	DL210×2	DL260×2	DL210×3	DL260×3
组装冷藏库温度（℃）	-5~15							
基础和钢结构	做好隐蔽工程的记录，建筑物应平整、牢固、安全、抗压、抗风							
安全措施	电气元件安全可靠；电热融霜加装过热保护；钢结构符合消防要求；库门应装安全脱扣装置							

霜。同时还要注意，融霜的水管要坡向库外面，最好做一个反水弯密封，以隔绝库内外的温差，并注意融霜水不再流在墙板的外侧立板上。

13. 组装式冷藏库的使用注意事项有哪些？

使用组装式冷藏库要注意以下3个方面。

（1）学会正确使用方法要正确，确保冷库的安全运行。把电控箱保护好，做好防水处理，保证用电安全；在冷库门边尽量安装防撞设施，以保护冷库的保温板和果蔬的进出安全。

（2）注意库房和工具的卫生，保证果蔬的质量安全。根据贮藏的果蔬品种，在进出果蔬的前后，对库房进行不同方式的消毒处理，如除掉异味和灭鼠，同时要注意工作人员的个人和服装卫生，保证贮藏果蔬的安全卫生。

（3）注重冷库的节能管理。为节约能源，可采取增加保温板厚度、少开库门、安装风幕等方式降低能耗，节约能源，降低运营成本。

14. 气调库有哪些常用设备？

气调库首先是冷库，除具有一般冷库制冷系统的相关设备（如制冷压缩机或压缩冷凝机组、蒸发器）之外，还配备气调设备，如气调机（俗称制氮机、降氧机等），二氧化碳脱除机，测定和控制气体仪表，气调库门，压力安全装置等。

15. 气调机有哪几种常见类型？

从气调机的发展史来看，气调机主要有3种阶段或类型。

（1）燃烧式气调机，是以燃料与空气（气调库内的）混合，然后进行催化燃烧反应，也是一种氯化反应，空气中的氧气与燃料中的碳和氢进行化合生成二氧化碳和水，反应过程中，氮气不能加入反应，但通过燃烧过程降低了氧气含量，提高了氮气浓度，从而达到降氧升氮的目的。

（2）碳分子筛式气调机，通过碳分子筛在不同压力下对氧和氮原子的不同吸附能力，调节分子筛的压力，分离出氮气和氧气，将氮气导入气调库来提高库内的氮气含量。

（3）膜分离式气调机，通过中空纤维膜具有选择透气性的原理，将一定压力的空气打入装有中空纤维膜的设备，分离出氮气和氧气，达到制氮去氧的目的。从使用效果来看，近年来燃烧式气调机基本已被淘汰，分子筛和膜分离气调机较为常用。

16. 气调库在运行管理过程中要注意什么？

（1）做好围护结构的气密性检查工作，气密性对气调冷库来讲是至关重要的，因此气调库在使用之前要进行气密性的检查，主要检查内容有气调门、观察窗、呼吸袋等。

（2）做好设备的完好性检查工作，比如制冷设备、气调机、加湿器、电气设备和控制设备等，保证各种设备处于良好的运行状态。

（3）做好贮藏的气调参数设定工作，根据贮藏的品种制定温度、湿度、二氧化碳和氧浓度等参数，确定适宜的气调环境。

（4）注意进出货的安全管理，果蔬在出库前一般提前 24 小时解除气调贮藏的气密状态，停止设备运行后，通过自然换气使气体恢复到大气成分后，方可进行出货操作。出库后要对气调库和各种设备进行检查和维护，为下一次气调贮藏做好准备。

第三篇

技 术 篇

一、采收

1. 果蔬什么时候采收合适?

生产上要根据果蔬的成熟度，结合市场供应、贮藏、运输和加工的需要及劳动力等多方面因素，确定适宜采收期。例如用于贮藏和长距离运输的果蔬一般要适当早采，就地销售的果蔬产品可适当晚采。

2. 果蔬采收应注意哪些方面?

采收工作的时间性和技术性很强，必须及时并且由经过培训的人员进行采收。采收前必须做好人力和物力上的安排和组织工作，选择合适的工具、采收时期和采收方法。

3. 人工采收的要点是什么?

人工采收的要点有 6 个方面。

（1）采收前应根据果蔬种类特性，事先准备好采收袋、篮、筐、箱、梯等采收工具和运输工具，采收容器要结实，内部加上柔软的衬垫物，尽可能避免机械损伤。

（2）果蔬采收时间应选择晴天的早晨，露水干后或者 16：00 之后进行，还要避免采前灌水。

（3）采收工人要戴手套，剪短指甲，轻拿轻放，轻装轻卸。

（4）采收时按"先下后上，先外后内"的原则逐步进行，以免因上下树或搬动梯子碰掉果实。

（5）果蔬采收时必须剔除受伤果，不可包装入箱，并在运输装卸中继续防止受伤带来的损失。

（6）果蔬采后应避免日晒雨淋，迅速加工成件，运到阴凉场所散热或预冷库中预冷。

4. 采收的工具有哪些？

采收的工具主要有三角梯（图 3 - 1a）、采收袋（图 3 - 1b）采收筐（图 3 - 1c）、周转箱（图 3 - 1d）、手推车（图 3 - 1e）和采收剪（图 3 - 1f）。

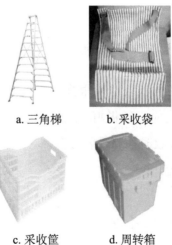

a. 三角梯　　　　b. 采收袋

c. 采收筐　　　　d. 周转箱

e. 手推车   f. 采收剪

图 3 - 1 常见的采收工具

二、分级与包装

1. 为什么要进行分级?

果蔬只有通过分级才能按级定价,分级也便于收购、贮藏、包装、流通和销售。

2. 分级的方法有哪些?

分级的方法主要有 2 种,即:人工分级和机械分级。人工分级多用于形状不规则和容易受伤的产品,例如,叶菜蔬菜、草莓、蘑菇等。机械分级常与挑选、清洗、干燥、打蜡、装箱等一起进行,常用的有重量、形状和颜色分选机,如图 3 - 2a 和图 3 - 2b 所示。

3. 为什么要进行包装?

果蔬包装是标准化、商品化、便于运输和贮藏的重要措施。

a. 人工分级　　　　　　　b. 机械分级

图 3 - 2　果蔬分级的方法

包装可减少因互相摩擦、碰撞、挤压造成的机械损伤，减少病害的蔓延，避免果蔬发热和温度剧烈变化所引起的损失，可有效的保护果蔬品质，利于贮藏、运输和携带，提高销售半径和周期。

4. 包装容器有什么要求?

包装容器应美观、清洁、无异味、无有害化学物质、内壁光滑、卫生、重量轻、成本低、便于取材、易于回收处理，同时还应具有足够的机械强度、一定的通透性和一定的防潮性。

5. 常见包装容器的种类和材料有哪些?

常见的包装容器有包装箱（图 3 - 3a），制作材料为高密度聚乙烯或者聚苯乙烯；纸箱（图 3 - 3b），制作材料为板纸；钙塑箱（图 3 - 3c），制作材料为聚乙烯或者碳酸钙；板条箱，制作材料为木板条（图 3 - 3d）。

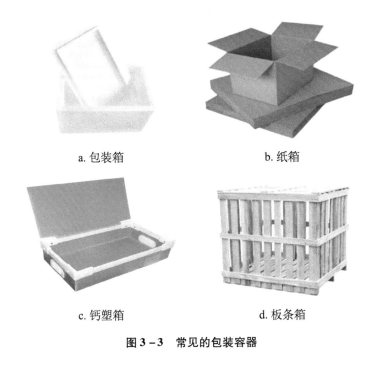

a. 包装箱   b. 纸箱

c. 钙塑箱   d. 板条箱

图3-3　常见的包装容器

三、预冷

1. 什么是预冷?

预冷就是将采收的新鲜水果和蔬菜在运输、贮藏或加工以前迅速除去田间热和呼吸热的过程,预冷必须在产地采收后立即进行。

2. 预冷有什么作用?

预冷是成功贮藏果蔬的关键,也是果蔬冷链运输中必不可少的环节。预冷使果蔬减缓新陈代谢活动,延长果蔬生理周期,减少采后出现的失重、萎蔫、黄化等现象，提高果蔬自身抵抗机械伤害、病虫害及生理病害的能力，提高耐储性，减少冷藏运输工具和冷藏库的冷负荷。

3. 预冷的主要方式有哪些?

预冷的主要方式有 6 种，即：①自然冷却预冷；②风预冷；③差压预冷；④冷水预冷；⑤冰预冷和⑥真空预冷。

4. 什么是自然冷却预冷?

自然冷却预冷是将果蔬放在阴凉通风的地方使其自然冷却，例如北方许多地区用地沟、窑洞、棚窖和通风库贮藏的产品，采后在阴凉处放置一夜，利用夜间低温，使之自然冷却，翌日气温升高前入库，如图 3 - 4 所示。

图 3 - 4　自然冷却预冷

5. 什么是风预冷?

风预冷是将果蔬放在预冷室内，利用制冷机制造冷空气，再用鼓风机通入冷空气，使冷空气迅速流经果蔬产品周围使之冷却只要有冷库便可采用此方法预冷。风预冷可以在低温贮藏库内进行，将产品装箱，纵横堆码于库内，箱与箱之间留有空隙，冷风循环时，流经产品周围将热量带走。预冷后可以不搬运，原库贮藏，如图3－5所示。

图 3－5　风预冷

6. 什么是差压预冷？

差压预冷是利用包装箱一侧风机的抽吸作用，在包装箱两侧形成压力差，迫使冷空气从包装箱两侧的开孔进入箱内，流经果蔬表面，并与果蔬充分接触，将果蔬热量带走，使果蔬冷却，冷空气流经果蔬表面的速度越快，果蔬降温速度也越快，如图3－6所示。

7. 什么是冷水预冷？

冷水预冷是以水为介质，将果蔬直接浸没于冷水中，或用冷水对果蔬喷淋冷却的一种方法，如图3－7所示。

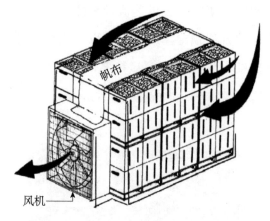

图 3 - 6　差压预冷

图 3 - 7　冷水预冷

8. 什么是冰预冷?

冰预冷是将冰块连同果蔬一起放入包装箱中, 或将冰水混合物直接注人包装箱中, 利用冰融化吸收热量, 对果蔬进行预冷的一种方法, 如图 3 - 8 所示。

48

图 3 - 8   冰预冷

9. 什么是真空预冷?

真空预冷是将果蔬放在真空室内,利用抽真空的方法,使果蔬体内水分在低压状态下蒸发,水在蒸发过程中消耗热量,从而使果蔬的温度快速下降,如图 3 -9 所示。

图 3 -9   真空预冷

10. 怎样合理选择预冷方式?

为了达到良好的预冷效果,在预冷方式选择时,首先要考虑果蔬的种类。①叶菜类产品适宜选用真空预冷和差压预冷;②根茎类产品如马铃薯、木薯等可采用冷水和冷风进行预冷;③蘑菇类和草莓类产品可以使用真空预冷和差压预冷;④苹果、梨和葡萄等以包装箱包装的产品最好采用差压预冷。一般来说,同一种果蔬产品可能有几种适宜的预冷方式,需要考虑自身的实际情况,根据资金情况和市场需求确定合适的预冷方式。

11. 预冷要注意哪些事项?

在预冷期间要注意定期测量产品的温度,以判断冷却的程度,防止温度过低产生冷害或冻害,造成产品在运输、贮藏或者销售过程中变质腐烂。

四、贮藏与运输

1. 如何确定入库量?

经过预冷的果蔬可以一次性入库;未经过预冷的果蔬要分批入库,每天入库量不超过库容的 20% ~ 30%,入库时库温上升不超过3℃。

2. 入库前应如何对果蔬进行检验?

入库前应对果蔬进行质量和成熟度的检验,抽取样品逐项按规定检验后，以件为单位分项记录于抽检记录单上，每批检验完毕之后，计算合格率，以判定该批产品的入库质量。

3. 果蔬入库前都应做哪些准备？

果蔬入库前应对库房进行清洗和消毒，做好设施维修检查和贮藏用物品准备，如保鲜袋、保鲜剂及地面托盘、棉门帘等，并将空库提前降温。

4. 对库体进行清洗和消毒需要哪些药剂和器材？

对库体进行清洗和消毒用到的药剂及器材主要有洗衣粉、次氯酸钠（图3-10a）、鬃刷（毛刷）、大扫帚（图3-10b）、胶皮手套、橡胶雨鞋、高压清洗机（图3-10c）等。

a. 次氯酸钠　　　　　b. 大扫帚　　　　　c. 高压清洗机

图3-10　清洗和消毒所需的药剂和器材

5. 清洗和消毒所需溶液如何配制？

（1）清洗溶液的配制。先在水箱中加满水，加入洗衣粉搅拌均匀后使用。

（2）消毒溶液的配制。在水箱内配制浓度为2 000毫升/升

（×10^{-6}，或 ml/L）的次氯酸钠溶液，搅匀后使用。

6. 如何对库体进行清洗和消毒?

按照从上到下的顺序依次进行，先用喷枪润湿，然后用髹刷上下刷，霉渍下来以后，再用高压清洗机喷枪冲洗，最后冲洗地面，扫除地面积水。清洗结束后为防止库体再次发霉，应进行次氯酸钠消毒。使用高压清洗机将配置好的消毒液喷洒到库体内壁和地面进行消毒。

7. 使用简易冷藏库和组装式冷藏库贮藏果蔬时，果蔬入库后应该如何堆码?

货垛堆码要合理安排货位和堆码高度，货垛排列方式、走向及间隙要力求与库内空气环流方向一致。按照种类或品种分库、分垛，分等级垛码，为方便货垛与空气环流散热降温，有效空间的贮藏密度每立方米不应超过250千克。

8. 使用简易冷藏库和组装式冷藏库贮藏果蔬时，果蔬堆码的空间要求是什么?

果蔬堆码时要求：货垛距墙0.2~0.3米；距离冷风机不少于1.5米；距库顶0.5~0.6米；垛间距离0.3~0.5米；垛内容器间距离0.01~0.02米；库内通道1.2~1.8米；垛底垫木高度0.10~0.15米；垛高不能超过冷风机的出口。

9. 使用简易冷藏库、组装式冷藏库和通风库贮藏果蔬时，如何在贮藏期间管理库房温度?

（1）贮藏前期温度管理。前期果蔬携带大量田间热，果蔬温度较高，整个管理工作的重点是尽快降低果蔬温度。

（2）贮藏中期温度管理。外界气温和库温逐渐降到较低水平，应注意减少通风量和通风时间，以保持库内温度和湿度稳定，在酷寒地区要关闭全部进气窗，并缩短放风时间，防止冷害。

（3）贮藏后期温度管理。重点是保冷降温，白天注意挂好棉门帘，关闭门窗（通风孔），严格保冷，防止库内外空气交流，库房作业尽可能安排在气温偏低的早晚进行。

在整个贮藏期间，还要做到贮温和测温，贮温即冷库入满后要求 48 小时内库温进入技术规范状态，贮藏期间要保持库温稳定，温度波动不超过（0±1）℃。测温即库房温度可以连续或者间歇测定，温度的连续测量可采用直接读数的记录仪来完成，没有记录仪时，可人工观测。测量温度的仪器精度不大于 0.5℃。温度计应放置在不受冷凝、异常气温、震动和冲击影响的地方。测量点的多少视库容而定，既有测果蔬体温的点，又有测气温的点，每次测量后详细记录。

10. 使用简易冷藏库、组装式冷藏库和通风库贮藏果蔬时，如何在贮藏期间管理库房湿度？

根据贮藏果蔬的特性，保持库内适宜的湿度。一般对贮藏温度要求较高的果蔬，库内适宜湿度为 90%～95%，要求湿度中等偏高的，库内适宜湿度为 85%～90%，要求较低的，如果库内适宜湿度为 75% 左右。在贮藏初期，如果库内相对湿度较低，果蔬容易脱水，可采用在库内地面泼水、铺细沙后泼水、将水洒在墙壁上等方法，使库内相对湿度保持在 85%～95%，对相对湿度要求较低的果蔬，如洋葱、大蒜等，则不需要专门的加湿措施，环境湿度高时还需除湿处理。寒冷季节，由于通风量少，库内湿度太高，可适当加大通风量，或者附以吸湿材料来降低库内较高的湿度。库内的湿度可连续或者间歇测定，测量湿度的仪器精度要求在±5%之内，测湿点选择与测温点相同。

11. 贮藏期内，如何通风换气？

一般在库温与外界气温接近的早晨或者夜间进行，特别是在贮藏前期，果蔬的代谢旺盛，要加强通风换气，一般前期每周换1次气，温度稳定后的中后期1~2周换1次气。

12. 贮藏期内应如何对果蔬进行质量检验？

贮藏期间要每月抽检一次，抽检项目包括果实硬度、可溶性固形物含量，生理性病害、侵染性病害、失重率等，并分项记录，若发现问题及时处理。

13. 出库时注意哪些事项？

出库时若库内外温差大，易使果蔬表面结露，引起腐坏，故要求在库内进行检查、选果、包装，并以冷藏车运输，保证产品货架期质量。

14. 果蔬运输时应注意的事项有哪些？

运输要求尽量做到快装快运、防热防凉，并注意轻拿轻放，减少机械损伤。在运输过程中，应根据不同种类果蔬的特性，运输路程的长短，季节与天气的变化情况，尽可能制造适宜的温度、湿度等条件，减少果蔬在运输途中的损失。

15. 怎样选择运输交通工具?

运输工具有火车、轮船、汽车及飞机等，很多交通工具都配置了降温和防寒的装置，在实际运输中，选择何种运输工具，应考虑产品的贮运特性、经济效益（装卸费、包装费等）、安全性、便利性等多种因素。

第四篇

案 例 篇

一、柑橘通风库贮藏

1. 柑橘主要有哪些品种？

柑橘类水果主要包括橘类、柑类、橙类、柚子和柠檬等。

宽皮橘类中，栽培面积大的品种类型主要有温州蜜柑、椪柑、南丰蜜橘、沙糖橘以及浙江省和福建省出产的瓯柑和蕉柑。其中，瓯柑和蕉柑较耐贮藏，椪柑耐藏性中等，沙糖橘和红橘不耐贮藏。

甜橙类主要品种有纽荷尔脐橙、罗伯逊脐橙、华盛顿脐橙、朋娜脐橙、清家脐橙、奉节 72 – 1 脐橙等。甜橙类果肉相对致密，果皮较厚，因此贮藏性能一般良好。

2. 柑橘什么时候采收最合适？

柑橘采收期的确定，应以果皮色泽、果汁可溶性固形物含量、果汁固酸比作为采收指标。

（1）果皮颜色。甜橙呈橙黄或浅橙色；宽皮柑橘、杂柑中橙色品种呈橙黄或浅橙色，红色品种呈红色或浅红色；柚类呈浅黄色或浅黄绿色。

（2）固酸比指标*。①脐橙≥9，低酸甜橙≥14，其他甜橙≥8；②温州蜜柑≥8，椪柑≥13，其他宽皮柑橘、杂柑≥9；③沙田柚≥20，其他柚类≥8。

（3）柠檬可通过有机酸和果汁率确定。通常有机酸≥3.0%，果汁率≥20%即可采收。

3. 柑橘贮藏常见病害有哪些?

柑橘贮藏期间的病害主要是生理病害和病原菌引起的侵染性病害。

柑橘贮藏期间常见的生理病害（生理失调）主要是由低温或不适宜气体引起的。

（1）低温引起的生理病害。主要是褐斑病和水肿病，一般来讲橘类较耐低温，柑类和橙类次之，柠檬最不耐低温，主要症状是产生皮锈斑和褐色污斑。

（2）不适宜气体引起的生理病害。主要是二氧化碳伤害，柑橘果实对高二氧化碳十分敏感，如橙类虽能耐2%左右的二氧化碳，但是控制不好，也会产生二氧化碳伤害，主要症状是果肉异味。

（3）柑类、橘类和橙类贮藏期间常见的侵染性病害。主要是青霉病、绿霉病（图4-1a）、酸腐病、蒂腐病、黑腐病（图4-1b）和炭疽病，柑橘采后机械伤是引起病原菌侵染并导致腐烂发生的主要原因之一。

---

* 固酸比，指用果汁的可溶性固形物含量与其可滴定酸含量的比值评价水果果实风味和成型程度

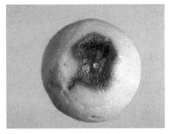

a. 柑橘绿霉病　　　　　　　　b. 柑橘黑腐病

图 4 - 1　柑橘采后病害

4. 柑橘的常用参考贮藏条件是什么？

柑橘贮藏需要控制贮藏环境温度和湿度。一般参考条件如表 4 - 1 所示。

表 4 - 1　柑橘贮藏常用温湿度条件

条件	类别	品种	范围
温度 （℃）	柑	椪柑、芦柑、蜜柑、杂柑	5 ~ 6
	橘	沙糖橘、南丰橘、马水橘、金橘	3 ~ 5
	橙	甜橙（红江橙、锦橙，冰糖橙、血橙）	5 ~ 7
	脐橙	（纽荷尔、华盛顿、朋娜、奈维琳娜）	4 ~ 8
	柚	西柚	12 ~ 13
		沙田柚	6 ~ 8
		蜜柚	7 ~ 9
	柠檬	柠檬	12 ~ 13
		莱姆	9 ~ 11
湿度 （％）	柑	蕉柑、椪柑	85 ~ 90
	橘	红橘	80 ~ 85
	橙	甜橙	90 ~ 95
	柚类		75 ~ 85
	柠檬		85 ~ 90

5. 怎样选择柑橘的贮藏设施和贮藏方法?

由于柑橘种类和品种较多,贮运特性各有不同,贮藏场所和方式可灵活选择。目前国内一般多用通风库贮藏,气温较高的地区可用冷库贮藏,但一定要注意控制好贮藏环境的温度和相对湿度。

6. 哪些地区的柑橘适宜用通风库贮藏?

柑橘类果实属于喜温性果品,贮藏温度相对较高,所以在我国四川、江西等自然冷源相对充沛的地区,可用通风库进行贮藏,如图 4 - 2 所示。贮藏量较大时可对通风库加设隔热保温层和制冷设备,辅助机械制冷。

图 4 - 2　贮藏柑橘的通风库

7. 通风库贮藏柑橘的工艺流程是什么样的?

成熟时精细采收——→液体保鲜剂处理,晾干浮水——→预贮 3 ~ 4

天（以果实失重率达2%，用手轻压果实，感觉果皮稍软化，有弹性时为宜）——→微膜袋单果包装——→装箱——→库房及包装物清洁、消毒——→冷库提前降温——→适宜温度和相对湿度——→适时出库销售。

8. 柑橘贮藏的温度和湿度该怎样控制？

柑橘贮藏通风库内应安装温湿度监控设备，或在有代表性的位点悬挂干湿球温度计，方便掌握场所内的温度和相对湿度。由于场所建造地、设计和施工工艺和技术以及管理方面的差异，不同场所内的温度会有高有低，但是应当通过库门（口）的开闭、添加覆盖物等，及时调整场所内温度，做到防热、防冷，如图4-3所示。湿度低时，可以通过洒水、放置盛水容器或加湿器加湿等方式提高相对湿度，或采取单果包装的方式，避免果实失水。

图4-3 柑橘贮藏库内的包装码放形式

9. 柑橘贮藏时有哪些注意事项？

（1）注意贮藏环境的清洁、消毒。对使用多年且有腐烂果实沾染严重的简易贮藏场所，消毒工作必须十分认真，不能忽视。

（2）采收、装箱和运输过程中，必须尽力减免机械伤。

（3）柑橘类果实长期贮藏时，对果实进行必要的防腐处理是目前生产中常用的方法，但使用的防腐保鲜剂应符合国家有关卫生标准。

（4）控制适宜温度和相对湿度。加湿时必须注意防止果箱回潮，否则可能发生果箱软化变形甚至果垛垮塌。

二、苹果简易冷藏库贮藏

1. 苹果主要有哪些品种？

苹果属温带水果，主要在我国北方栽培，南方种植面积较小。全国分为四大优势产区，分别是渤海湾苹果产区、西北黄土高原苹果产区、黄河故道苹果产区和西南高地苹果产区。渤海湾苹果产区和西北黄土高原苹果产区是我国苹果生产的适宜区，主栽品种为红富士、乔纳金、嘎拉、新红星和小国光等。

2. 苹果什么时候采收最合适？

晚熟品种比中熟品种耐贮，早熟品种一般不作贮藏。拟长期贮藏的苹果应在 85%～90% 成熟时采收，此时果实种子已变褐，风味物质基本形成。红富士、小国光、秦冠等晚熟品种在贮藏过程中硬度和品质变化比较缓慢，而且抗病性强，适合长期贮藏。红星、新红星、乔纳金、北斗等中晚熟品种在贮藏过程中易后熟发绵，要求贮藏条件比较严格，一般作为中短期贮藏，但采用气调贮藏可使贮藏期大大延长；早熟品种一般只进行周转贮藏。

3. 苹果贮藏时常见问题和病害有哪些？

苹果贮藏中常见问题包括失鲜、生理病害和侵染性病害。

（1）苹果特别是金冠（黄元帅）苹果贮藏过程中果皮易失水皱缩，发生失鲜。

（2）苹果贮藏期间的生理病害。主要是低氧伤害、高二氧化碳伤害，以及贮藏后期发生的虎皮病。如采用气调或塑料薄膜小包装简易气调贮藏红富士苹果时，极易发生高二氧化碳伤害。

（3）苹果贮藏期间的侵染性病害。主要是由青霉菌（图 4 – 4a）和绿霉菌引起的青霉病和绿霉病。此外，轮纹病（图 4 – 4b）也是贮藏期间较常见的病害。

a. 苹果青霉病　　　　　　　　b. 苹果轮纹病

图 4 – 4　苹果采后病害

4. 一般苹果的参考贮藏条件是什么？

果实温度：–1 ~ 0℃。

环境相对湿度：90% ~ 95%。

气体成分要求：

（1）红富士系。氧气 3% ~ 5%，二氧化碳 1% ~ 2%。

（2）元帅系。氧气 2%～4%，二氧化碳 3%～5%。

（3）金冠系。氧气 2%～3%，二氧化碳 6%～8%。

5. 怎样选择苹果的贮藏设施和方法？

苹果品种较多，贮运特性各有差别，贮藏场所和方式可灵活选择。

（1）简易冷藏库。在自然冷源比较充沛的地区，可因地制宜、科学使用简易贮藏冷藏库进行贮藏。简易冷藏库是指利用闲置房屋、库房或砖窑洞等设施，通过增加保温处理和制冷设备的恒温冷库，如图 4-5 所示。

（2）机械冷库。机械冷库加简易气调贮藏即塑料薄膜袋包装冷藏，是我国目前苹果贮藏中应用最普遍的一种方式。

（3）气调库贮藏。我国目前应用还不普遍，主要用于满足国内高档市场和国际市场需要的高档苹果。

6. 简易冷藏库贮藏苹果的工艺流程是什么样的？

库体及包装物清洁、消毒——冷库提前降温——8.5 成成熟时精细采收——果实分级并严格挑除病虫机械伤果实——装入包装箱内垫衬的塑料袋内——快速预冷——扎口封箱——合理堆码或上架——控制适宜温度（温度应控制在 -1～0℃）——适时通风排除库内乙烯——适时出库销售。简易冷藏库贮藏的红富士苹果推荐贮藏期为 7 个月以内。

7. 苹果贮藏的温度和湿度该怎样控制？

简易冷藏库一般采用氟利昂制冷机组，温度的设置通过温控仪人工设置。设置贮藏温度为 -1～0℃，应设置 -1℃，幅差值 1℃，

设备即在 -1~0℃ 区间运行。库内相对湿度低于 75% 时，可以通过地面洒水或加湿器加湿的方式提高湿度，但是地面不能因洒水出现"明水"聚积。

8. 简易冷藏库贮藏苹果时有哪些注意事项?

果实入库前 2 天开启制冷机，将库温降至 -2 ℃。贮藏时，红富士苹果宜用微孔袋扎口或地膜在箱内垫衬折口，防止二氧化碳伤害。元帅系苹果、乔纳金苹果、金冠苹果、嘎啦苹果可用苹果专用硅窗保鲜袋扎口贮藏，但是装量需要试验，以满足袋内氧气不低于 5%，二氧化碳不超过 5% 为宜。塑料周转箱热量交换好，码垛密度可适当大些；纸箱包装时，箱上必须设计通气孔，垛间和箱间留有通道和间隙，并考虑纸箱的承重，防止下层箱内果实被压伤或塌垛。如果是具有货架的冷库，果箱可直接放在货架上。苹果贮藏期间，自身会释放出大量乙烯，加速果实的衰老，也会诱发和加重虎皮病的发生。因此，要适时通风排除库内乙烯，如图 4-5 所示。

图 4-5　贮藏苹果的简易冷藏库

三、葡萄组装式冷库贮藏

1. 我国种植的葡萄主要有哪些品种？

葡萄属温带水果，主要在我国北方栽培，近年来南方避雨栽培葡萄面积发展也很快。全国主要产区 10 余个，但以环渤海湾产区和新疆产区面积和产量最多。主栽品种为巨峰、红地球、无核白、玫瑰香、牛奶、秋黑、龙眼和夏黑等。

2. 各品种的葡萄大概可以贮藏多久？

生产中栽培面积大且耐藏品种，如龙眼、秋黑、玫瑰香、泽香、巨峰等，在品温 −1~0℃、相对湿度 95%、使用适宜保鲜剂，贮藏期可达 4~6 个月；红地球葡萄是"耐藏性好但不好贮藏"的品种，贮藏期一般在 3~3.5 个月；马奶、木纳格、无核白等葡萄，贮运中易出现果皮擦伤褐变、果柄断裂或果粒脱落等现象，属于不耐藏品种，贮藏期通常在 3 个月以内。

3. 葡萄贮藏时常见问题有哪些？

葡萄贮藏过程中常见问题包括干梗（图 4-6a）、掉粒、褐变、侵染性病害和二氧化硫（SO_2）伤害。

不同品种葡萄贮藏时的问题不同，如巨峰系品种、新疆无核白贮藏过程中容易落粒，马奶等白色葡萄品种，贮藏过程中果皮和果肉易发生褐变，木纳格葡萄果梗细脆，容易折梗落粒。

葡萄贮藏过程中最主要的侵染性病害是由灰葡萄孢霉引起的灰霉病（图 4 - 6b），在 - 1 ~ 0℃的条件下冷藏，如果不使用保鲜剂，即使品质好的葡萄 40 天左右就会出现病原菌侵染造成的腐烂。

常见的葡萄灰霉病防治办法是使用二氧化硫，但部分葡萄品种，如红地球，对二氧化硫敏感，二氧化硫浓度过大时会造成二氧化硫伤害。

a. 葡萄干梗

b. 葡萄灰霉病

图 4 - 6　葡萄采后病害

4. 葡萄的参考贮藏条件是什么?

葡萄果实最佳贮藏温度范围： - 1 ~ 0℃。
环境相对湿度：90% ~ 95%。

5. 葡萄应该怎样贮藏?

生产中长期贮藏对应的措施是：低温、高湿、使用防腐剂。温度是影响葡萄贮藏质量的最重要因素。 - 1 ~ 0℃的低温贮藏可有效抑制霉菌的发生和果实的衰老；维持 95% 左右的相对湿度和使用保鲜剂，是防止葡萄失水干梗和脱粒的关键；为了抑制葡萄贮藏过程中因病原菌侵染引起果实腐烂，抑制葡萄的代谢活性，常采用二氧化硫（SO_2）或可以产生二氧化硫的制剂用作葡萄保鲜剂。

由于葡萄是较难贮藏的浆果类水果，加之近年来对保鲜葡萄的外观品质，即葡萄果梗的新鲜度和果粒的饱满度要求越来越高。拟长期贮藏的葡萄均应采用机械冷库贮藏。机械冷库加塑料薄膜袋包装冷藏，是目前我国贮藏葡萄最普遍的一种方式。在葡萄集中产贮区，小型和微型冷库已经成为葡萄贮藏的主要设施，如图4－7所示。

此外，气调贮藏对葡萄品质保持和贮藏期的延长作用不显著，所以葡萄贮藏通常不采用气调贮藏。

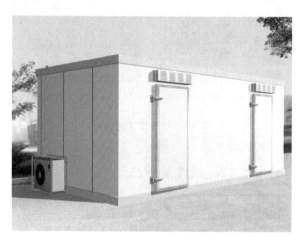

图4－7 贮藏葡萄的组装式冷库

6. 各种葡萄冷藏的工艺流程是什么样的？

冷库及包装箱清洁、消毒——→冷库提前降温——→采前液体保鲜剂喷洒果穗——→充分成熟时精细采收——→装入包装箱内垫衬的塑料袋内——→预冷（敞开袋口降温至产品温度为0℃，库内相对湿度低时地面可适当洒水）——→放置葡萄专用保鲜剂——→紧扎袋口——→品温－1～0℃下贮藏——→适时出库销售。

7. 葡萄冷藏时有哪些注意事项?

贮藏的葡萄应充分成熟采收,这是与多数水果的不同点。贮藏库及包装物要进行清洁、消毒,整齐码放(图4-8a)和(图4-8b);果实入库前2天开启制冷机,将库温降至-2℃,果实进行敞口预冷,预冷结束后要及时扎紧袋口,根据品种放置专用保鲜剂,适时择机销售,如图4-9a和图4-9b所示。

a. 葡萄贮藏纸盒包装码放　　　b. 葡萄贮藏泡沫箱包装码放

图4-8　葡萄贮藏包装和码放

a. 葡萄敞口预冷　　　　　　b. 葡萄保鲜剂的使用

图4-9　葡萄冷藏要点

8. 什么是二氧化硫伤害?

用二氧化硫(SO_2)处理葡萄时,常常会因二氧化硫(SO_2)浓度过大造成伤害。主要症状是果梗失水萎蔫,果实形成下陷漂白斑点,进而果肉和果皮组织受损,果粒出现刺鼻气味,损伤处凹陷变褐。

案例篇 第四篇

参 考 文 献
REFERENCES

1. 敖礼林．柑橘综合实用贮藏保鲜技术［J］．保鲜与加工，2006（4）：46 – 47.

2. 白世贞，曲志华．冷链物流［M］．北京：中国物资出版社，2012.

3. 程勤阳，孙静，聂宇燕，等．果蔬产地批发市场建设与管理［M］．北京：中国轻工业出版社，2014.

4. 戴桂芝，陈利梅，李燕．果蔬采后商品化处理处理要点综述［J］．食品研究与开发，2006（27）：154 – 156.

5. 关文强，胡云峰，李喜宏．果蔬气调贮藏研究与应用进展［J］．保鲜与加工，2003，3（6）：3 – 5.

6. 关文强，张华云，刘兴华，修德仁．葡萄贮藏保鲜技术研究进展［J］．果树学报，2002，19（5）：326 – 329.

7. 李登科．冷藏库贮藏果蔬的注意事项［J］．农家顾问，2014（4）：57.

8. 李明忠，聂玉强．中小型冷库技术［M］．第二版．上海：上海交通大学出版社，2008.

9. 李喜宏，夏秋雨，陈丽，等．微型冷库的优化设计研究［J］．农业工程学报，2001，17（3）：88 – 91.

10. 刘清．果蔬产地贮藏与干制［M］．北京：中国农业科学技术出版社，2014.

11. 刘兴华，饶景萍. 果品蔬菜贮运学 [M]. 西安：陕西科学技术出版社，1998.

12. 陆琳. 果蔬保鲜管理技术 [J]. 云南农业，2013（8）：72-74.

13. 罗云波. 果蔬采后生理与生物技术 [M]. 北京：中国农业出版社，2010.

14. 缪启愉，缪桂龙. 齐民要术译注 [M]. 济南：齐鲁书社，2010.

15. 聂玉强，李明忠. 冷库运行管理与维修 [M]. 上海：上海交通大学出版社，2008.

16. 潘永贵，谢江辉. 现代果蔬采后生理 [M]. 北京：化学工业出版社，2009.

17. 秦国明. 冷藏库贮藏果蔬应注意的问题 [J]. 中国果菜，2001（4）：24.

18. 任小林，李倩倩. 苹果贮藏保鲜关键技术 [J]. 保鲜与加工，2013，13（1）：1-8.

19. 孙炳新，徐方旭，冯叙桥，等. 环丙烯类乙烯效应抑制剂在果实保鲜应用的研究进展 [J]. 食品科学，2013，35（11）：303-313.

20. 谈向东. 冷库建筑 [M]. 北京：中国轻工出版社，2006.

21. 王文生，陈存坤，于晋泽，等. 果蔬采后预冷若干问题浅析 [J]. 中国果菜，2014，34（12）：1-4.

22. 王一农，高润梅. 冷库工程施工与运行管理 [M]. 北京：机械工业出版社，2011.

23. 吴主莲，周会玲，任小林，等. 不同机械伤对苹果果实贮藏效果的影响 [J]. 西北农林科技大学学报（自然科学版），2012，40（1）：190-196.

24. 章艳，张长峰. 采后果蔬采后果蔬冷害发生机理及控制研究进展 [J]. 保鲜与加工，2012，12（4）：40-46.

25. 周前，邢燕. 冷库技术 [M]. 北京：中国矿业大学出版社，2009.

26. 朱丽华. 柑橘类水果采后病害及其防治 [J]. 世界农药，2005，27（2）：18-21.